GUIDE

DU

PÈRE DE FAMILLE

QUI VEUT ASSURER SON FILS CONTRE LES CHANCES DU TIRAGE AU SORT

Par J.-A. GUYET.

DEUXIÈME ANNÉE.

PRIX : 25 C...

LYON
IMPRIMERIE DE CHAN... NE
Place de la Charité, 1...

1854

CLASSE DE 1853.

—

ASSURANCES

CONTRE LES CHANCES DU TIRAGE AU SORT.

—

AUX PÈRES DE FAMILLE.

——

Avant d'assurer son fils, le père de famille doit connaître parfaitement la position où se trouvent les jeunes gens en face de la loi du 21 mars 1832 sur le Recrutement de l'armée.

Si leur main choisit un bon numéro, dans l'urne du tirage, ils sont libres envers l'Etat, dès que la liste du contingent départemental est proclamée; mais s'ils prennent un numéro partant, leurs devoirs commencent, et durent pendant tout le temps d'un congé.

Il est une opinion erronée, très-accréditée dans le public par les soins des agents d'affaires, c'est qu'après un an le jeune homme qui a été remplacé est libéré envers la loi et l'Etat, et que le gouvernement est chargé du remplaçant après ce laps de temps.

Déjà l'an passé nous avons combattu cette erreur ; il nous semblait qu'il suffisait de la signaler aux pères de famille pour qu'ils prissent leurs précautions en s'assurant, et notre étonnement a été grand de rencontrer des hommes instruits contester la vérité de nos assertions et soutenir qu'après l'année de responsabilité, pour le cas de désertion, les familles étaient entièrement libérées envers l'Etat.

Cette erreur est devenue, pour ainsi dire, populaire. Notre devoir est de la déraciner, et, pour y réussir, nous allons examiner, en quelques mots, la lettre et l'esprit de la loi.

Les articles 2, 19, 20, 21, 22, 23, 30 et 43 sont ainsi formulés :

Art. 2. Nul ne sera admis dans les troupes françaises

s'il n'est Français.... Sont exclus du service militaire et ne pourront, à aucun titre, servir dans l'armée : 1° les individus condamnés à une peine afflictive ou infamante; 2° ceux condamnés à une peine correctionnelle de deux ans d'emprisonnement et au-dessus, et qui, en outre, ont été placés par le jugement de condamnation sous la surveillance de la haute police, et interdits des droits civiques, civils et de famille.

Art. 19. Les jeunes gens compris définitivement dans le contingent pourront se faire remplacer. Le remplacement ne pourra avoir lieu qu'aux conditions suivantes : Le remplaçant devra : — 1° être libre de tous service et obligations imposées, soit par la présente loi, soit par celle du 25 octobre 1795 sur l'inscription maritime; — 2° être âgé de vingt à trente ans au plus, ou de vingt à trente-cinq, s'il a été militaire, ou de dix-huit à trente, s'il est frère du remplacé; — 3° n'être ni marié, ni veuf avec enfants; — 4° avoir au moins la taille de 1 mètre 56 centimètres, s'il n'a pas déjà servi dans l'armée, et réunir les autres qualités requises pour faire un bon service; — 5° n'avoir pas été réformé du service militaire; — 6° suivant sa position, être porteur de certificats spécifiés dans les articles 20 et 21 ci-après.

Art. 20. Le remplaçant produira un certificat délivré par le Maire de la commune de son dernier domicile. Si le remplaçant ne compte pas au moins une année de séjour dans cette commune, il sera tenu d'en produire également un autre du Maire de la commune ou des Maires des communes où il aura été domicilié pendant le cours de cette année.

Les certificats devront contenir le signalement du remplaçant et attester : 1° la durée du temps pendant lequel il a été domicilié dans la commune ; 2° qu'il jouit de ses droits civils ; 3° qu'il n'a jamais été condamné à une peine correctionnelle pour vol, escroquerie, abus de confiance ou attentat aux mœurs....

Art. 21. Si le remplaçant a été militaire, outre le certificat du Maire, il devra produire un certificat de bonne conduite du corps dans lequel il aura servi.

Art. 22. Le remplaçant sera admis par le Conseil de révision du département dans lequel le remplacé aura concouru au tirage.

Art, 23. Le remplacé sera, POUR LE CAS DE DÉSERTION, responsable de son remplaçant pendant un an, à compter du jour de l'acte passé devant le Préfet. Il sera libéré, si le remplaçant meurt sous les drapeaux, ou si, en cas de désertion, il est arrêté dans l'année.

Art. 30. La durée du service des jeunes soldats appelés sera de sept ans, qui compteront du 1er janvier de l'année où ils auront été inscrits sur les registres-matricules des corps de l'armée.

Art. 43. Toute substitution, tout remplacement effectué, soit en contravention des dispositions de la présente loi, soit au moyen de pièces fausses et de manœuvres frauduleuses, sera déféré aux tribunaux, et, sur le jugement qui prononcerait la nullité de l'acte de substitution ou de remplacement. l'appelé sera tenu de rejoindre son corps ou de fournir un remplaçant dans le délai d'un mois à dater de la notification de ce jugement.

De l'ensemble de ces huit articles il ressort que les familles sont responsables : 1° pendant un an de la désertion du remplaçant, prévue par l'article 23; 2° pendant sept ans (art. 30), des contraventions aux conditions exigées par les art. 2, 19, 20, 21 et 22, en matière de remplacement, et aux dispositions de toute la loi, suivant l'art. 43, contraventions punies, en vertu du même article 43, par l'annulation du remplacement opéré, sans préjudice des poursuites criminelles dirigées par les tribunaux contre les auteurs ou complices d'un remplacement frauduleux.

Il est donc évident que le cas de désertion n'est pas le seul inconvénient qu'ont à redouter les familles, et que les jeunes gens remplacés peuvent encore, dans d'autres cas, être tenus de *rejoindre leurs corps* ou de *fournir de nouveaux remplaçants.*

Bien plus, ces derniers cas sont plus graves et plus nombreux.

Plus graves, en ce qu'ils forcent les familles à des comparutions devant les magistrats, à des démarches près de l'administration, et, enfin, à des remplacements au corps.

Plus nombreux, en ce qu'ils sont au nombre de vingt-trois principaux, suivant la nomenclature suivante. Si le remplaçant est :

1° Étranger, art. 2;

2° S'il a subi une condamnation, art. 2 et 20;

3° S'il est lié au service pour son compte, 4° S'il est substituant, 5° S'il est remplaçant, 6° S'il est engagé volontaire, 7° S'il est rengagé, 8° S'il est remplaçant remplacé, 9° S'il est inscrit maritime,	art. 19, n° 1;
10° Si, n'ayant pas servi, il a moins de 20 ans, 11° Si, dans le même cas, il a plus de 30 ans, 12° Si, ancien militaire, il a plus de 35 ans,	art. 19, n° 2;
13° S'il est marié, 14° S'il est veuf avec enfants,	art. 19, n° 3;

15° S'il n'a pas la taille de 1 mèt. 56 cent. art. 19, n° 4.

16° S'il a été réformé du service, 17° S'il a reçu un congé de renvoi,	art. 19, n° 5:

18° S'il n'a pas un an de domicile, } art. 20;
19° S'il ne jouit pas de ses droits civils, }

20° Si, ancien militaire, il n'a pas produit un certificat de bonne conduite, art. 21;

21° S'il a été admis dans un département autre que celui du remplacé, art. 22;

22° Si ses pièces ont été délivrées par fraude, } art. 43;
23° S'il y a substitution de personne, }

le remplacement est annulé.

Dans l'état actuel et incomplet des connaissances du public en matière de recrutement, le père de famille croit fermement n'avoir affaire qu'à un mauvais cas, et il se trouve en présence de vingt-quatre éventualités fâcheuses !

Il croit n'être responsable que pour un an d'un seul cas, et, en outre, il est responsable, pour sept ans, de vingt-trois cas au moins !

Et qu'on ne s'imagine pas que nous outrons les rigueurs de la loi. On ne voudra pas nous croire, soit ; mais avant qu'on ne nous accuse d'exagération, qu'on prenne la peine de consulter l'instruction ministérielle du 30 mars 1832 et tous les commentateurs de la loi, et l'on reconnaîtra si notre doctrine est juste.

On suppose, avec raison sans doute, qu'un jeune homme qui a passé au drapeau comme remplaçant, peut déserter, malgré les barrières que l'honneur militaire et l'amour de la patrie, dont les plus dignes chefs donnent l'exemple, opposent à cet acte dégradant, et l'on ne veut pas supposer que ce jeune homme, avant de se présenter dans les rangs de l'armée, alors qu'il vivait sans frein et sous le joug des plus funestes passions, puisse avoir commis des fautes qui le rendent indigne d'être soldat ! C'est une étrange inconséquence.

Les pères de famillle qui n'auraient pas sous la main des documents authentiques pour se convaincre de la vérité, pourraient se renseigner près des administrateurs ; mais, sans les déranger pour ces informations naïves, ils peuvent s'édifier en méditant les deux preuves suivantes :

1° Le cas 8me de la nomenclature précédente

indique qu'un jeune homme qui aura été remplaçant, qui se sera fait remplacer, et qui voudrait remplacer de nouveau, ne pourrait être admis sans fraude. Pourquoi? Evidemment parce qu'il est lié au service militaire, suivant l'esprit de l'article 19 de la loi, pendant toute la durée de son congé, parce qu'il n'est pas *libre de tous service et obligation.*

2° La plupart des actes administratifs de remplacement, dont l'expédition est délivrée par MM. les Préfets aux jeunes soldats remplacés, portent en marge une formule conçue en ces termes ou d'autres équivalents :

« *M..... appartenant à* UNE CLASSE NON LIBÉRÉE *ne pourra se marier sans l'autorisation du Ministre de la guerre.* »

On le voit clairement par cette sage annotation, le jeune homme remplacé n'est pas libre envers l'État ; il dépend du Ministre de la guerre ; il ne recouvrera la plénitude de sa liberté *que lorsque sa classe sera libérée*, c'est-à-dire après sept ans.

En présence de cette sévère exigence de la loi, que doit faire le père de famille pour bien assurer son fils ?

Il faut que l'assureur le garantisse non-seulement contre le cas de désertion pendant un an, mais encore contre tous les cas, sans exception, pendant toute la durée du service militaire.

Il faut, de plus, qu'il donne des garanties pécuniaires indépendantes des cas de mort, de faillite, de déconfiture quelconque, pendant sept ans.

Hors de là, il n'y a point de bonne et solide assurance.

Il y a deux modes ordinairement suivis pour s'assurer, la prime fixe et la mutualité.

Premier mode. La prime fixe est offerte par un assureur isolé, qui joue au sort une fortune que souvent il n'a pas, ou qu'il a compromise par des opérations précédentes.

L'assureur à prime fixe répond pour un an *seulement*. Il peut offrir une garantie pécuniaire, soit en déposant une somme égale à la prime fixe (ce qui est insuffisant au taux actuel de l'assurance), soit en n'exigeant le paiement qu'*après libération*; mais par ces mots *après libération*, il n'entend qu'une année, tandis qu'il doit répondre de *sept ans* et garantir pour *sept ans*.

Il s'engage au remplacement *aussitôt que l'assuré sera appelé à l'activité*. Ces mots ou d'autres semblables sont perfides : car, dans le cas où l'assuré serait classé dans la seconde partie du contingent, qui forme l'armée de réserve, il court le risque de ne pas être remplacé avant l'appel de sa classe.

Enfin, l'assurance à *prime fixe* n'est point du tout *fixe* : elle opère à tout prix.

Ce premier mode est donc faux, routinier, incomplet et dangereux.

2e Mode. La mutualité consiste en une réunion de pères de famille, qui conviennent de mettre en commun une somme déterminée à l'avance. Un capital est ainsi réuni par leurs soins, et ceux à qui le sort est défavorable se partagent l'argent entre eux.

Ce mode d'assurance est respectable et patriarchal; mais il a un vice radical: c'est de laisser le père de famille malheureux en face de toutes les difficultés du remplacement et de toute la responsabilité qu'il entraîne. Il n'a évité les périls de la prime fixe que pour tomber dans une position plus fâcheuse encore : car, seul et privé de guide, il doit nécessairement recourir, pour son remplacement, à l'agent d'affaires qui ne ménagera guère sa bourse et lui parlera de nouveau de la libération pour un seul cas après un an, en laissant à sa charge les chances de la libération pour les vingt-trois autres cas pendant sept ans.

Je ne parle pas de ces compagnies mutuelles, dont le siége est à Paris ou ailleurs, qui opèrent dans tous les départements. C'est une *duperie organisée* et nous nous hâtons de justifier cette expression par un exemple. Pierre habite un canton où les bonnes chances du tirage sont représentées par 60 sur 100; Paul habite une autre contrée où sur cent jeunes gens, 100 sont pris. Pierre a le légitime espoir d'avoir un bon numéro ; Paul, au contraire, est certain d'être soldat. *La Mutuelle* assurant Pierre et Paul, pour le même prix, vole au premier les trois cinquièmes de sa mise.

La Mutualité est plus funeste encore à ses souscripteurs lorsqu'ils sont solidaires entre eux. On n'a pas oublié les désastres produits, il y a quelques années, dans le canton de Givors par une opération de ce genre.

Les deux modes d'assurance précités étant reconnus vicieux, ne pourrait-on parvenir à constituer un mode d'assurance, moral, juste et loyal, réunissant toutes les garanties désirables? *La Rhodanique* a résolu ce problème depuis un an. Nous allons exposer ses combinaisons , mais préalablement ,

NOUS DIRONS A CEUX QUI VEULENT S'ASSURER A PRIME FIXE :

1° Convenez de la somme et de l'époque du paiement ;

2° Refusez-vous à payer tout intérêt ;

3° Exigez que votre fils soit remplacé avant l'appel de sa classe, qu'il fasse partie de l'activité ou de la réserve;

4° Ne faites point de billets à ordre;

5° Faites déposer dans des mains sûres, et de préférence dans celles de l'Etat, une somme suffisante pour répondre du remplacement *en tout temps pendant sept ans*;

6° Faites-vous garantir tous les cas de la loi sans aucune exception.

NOUS DIRONS A CEUX QUI VEULENT S'ASSURER A UNE *MUTUALITÉ* :

1° Ne vous adressez jamais à une compagnie qui exploite toute la Franee ;

2° Fuyez tous rapports avec les compagnies dont les assurés sont solidaires;

3° Assurez-vous par *canton* et déposez votre argent chez un de vos notaires;

4° Après le tirage et la répartition, si vous avez un mauvais numéro, recommandez-vous, en cherchant un remplaçant, à la garde du bon Dieu.

5° Enfin, n'oubliez pas, en traitant du remplacement de votre fils, toutes les garanties de dépôt d'argent pour sept ans et pour tous les cas, comme si vous traitiez à prime fixe.

Nous dirons enfin à tous les hommes sages, instruits, prudents, qui cherchent à allier leurs intérêts à la sécurité la plus complète :

ASSUREZ-VOUS A LA *Rhodanique*.

Ses procédés participent à la fois de la prime fixe et de la mutualité; elle évite tous les inconvénients; elle assure contre toutes les éventualités; elle donne des garanties pour sept ans; c'est avec elle que vous avez l'espoir fondé de payer moins que partout ailleurs.

Voici ses conditions :

Primes et paiements.

La prime dépend du sort :

Si le quart des assurés tombe au sort, le bon

numéro paie au plus 300 fr. ; si le tiers tombe au sort, il paie au plus 400 fr. ; s'il en tombe plus du tiers, il paie au plus 500 fr. Ces trois prix sont nommés *Maximum*.

Le numéro réformé ne paie que la moitié de ces prix, par conséquent 150, 200 ou 250 fr. suivant le *maximum* de l'année.

Les mauvais numéros se partagent entre eux, par égale partie, le rabais qui est fait aux numéros réformés, ce qui élève la prime de fort peu de chose ; mais ils n'y ajoutent jamais rien, même en temps de guerre avant que le plus fort *maximum* ne soit appelé intégralement dans tous les cantons.

Les associés ne paient aucun intérêt.

Ils ne sont point solidaires.

Les paiements ont lieu entre le tirage et les Conseils de révision, ou après les remplacements opérés, suivant l'urgence.

Chaque canton ne paie que proportionnellement aux risques qu'il a fait courir à l'Association, lors du tirage, ce qui ramène l'assurance au même résultat que si elle était faite par canton.

On voit, par ce simple exposé, que tous les pères de famille sont unis contre le sort, et que tous les risques des divers cantons sont égaux, *ce qui fait ressembler la Rhodanique à une mutuelle cantonale* ; mais, (et voici où commence la différence ou plutôt l'avantage) ces pères de famille ont un guide responsable dont la mission est de les décharger de tout embarras pour le remplacement, *ce qui fait ressembler la Rhodanique à une assurance à forfait.*

RESPONSABILITÉ.

Ce guide, chargé de veiller avec sollicitude aux intérêts de tous les associés, est le Gérant de la Compagnie. Il répond :

1° Du paiement de tous les associés, et de la réunion à l'époque voulue du capital nécessaire pour opérer tous les remplacements ;

2° Du cas de désertion pendant un an, suivant l'article 23 de la loi sur le Recrutement ;

3° Des cas prévus par les articles 2, 19, 20, 21,

22, et 43 de la même loi, pendant toute la durée du service militaire (*sept ans.*)

4° D'une sage, loyale et fidèle Administration.

Il est rémunéré de ses soins par une prime qui lui est accordée sur le maximum annuel.

Garanties.

Le Gérant offre pour garanties :

Sur le 1er point. — L'engagement pris par ses collaborateurs cantonaux de répondre du paiement de leurs assurés. Aucun collaborateur n'étant admis que sous certaines conditions de fortune et de moralité, cette première garantie représente plus de TROIS MILLIONS de francs.

Sur le 2e et le 3e points. — Un capital variable versé à la Caisse des dépôts et consignations pour *sept ans*, produit du quart de la prime attribuée à la Gérance et progressant en raison du nombre des assurances. Cette garantie représente par série de 100 assurances et par période de sept ans une somme de plus de 20,000 fr. et les sept années de responsabilité sont solidaires, de telle sorte que le retrait du premier versement ne peut avoir lieu qu'à la huitième année, celui du second qu'à la neuvième, ainsi de suite. Sept cents assurances étant supposées, un seul remplacement aurait pour garantie une somme de 140,000 fr.

Sur le 4e point. — 1° la moralité notoire du Gérant; 2° un conseil de censure surveillant la sincérité de ses actes dans l'intérêt de la généralité des associés; 3° la facilité de faire les versements chez un notaire choisi par le souscripteur.

Nous n'ajouterons rien à cet exposé; il est trop clair pour n'être pas compris; trop moral, pour ne pas être encouragé; trop rassurant, pour ne pas être apprécié.

2e CLASSE.

La Rhodanique ouvre cette année, pour la première fois, des souscriptions d'assurances en faveur des familles d'ouvriers ou de cultivateurs peu fortunés.

Ces souscriptions consistent à verser entre les mains d'un tiers, par exemple d'un notaire, d'un maire, ou de toute autre personne recommandable et sûre, telle somme que l'on voudra, en commençant par 100 francs, et en progressant par cette somme ronde jusqu'à 500 francs, maximum du versement, et à en donner le récépissé au directeur cantonal ou au Gérant de la Rhodanique.

Après le conseil de révision, la répartition a lieu au marc le franc entre tous les assurés tombés au sort.

Les réformes ne donnent dans cette catégorie aucun droit à un retrait de fonds.

Les assurés de cette classe qui tomberaient au sort, peuvent compter sur le concours empressé du Gérant, pour les aider à traiter solidement de leur remplacement.

—

SOUSCRIPTEURS DE L'EXERCICE 1853

PRÈS DESQUELS ON PEUT SE RENSEIGNER.

—

Lyon.

Le 1er arrondissement a payé		461	90
Le 2e	—	469	30
Le 3e	—	449	71
Le 4e	—	467	22
Le 5e	—	467	99

Les mauvais numéros ont payé 33 fr. 48 c. de plus.

Les numéros réformés ont payé une prime uniforme de 229 f. 53 c.

—

MM.

Algoud, cordonnier, petite rue Longue, 3.

Allardet, fabricant d'étoffes, rue de la Citadelle, 1.

Bachelut, fabricant d'étoffes, rue Tholozan, 20.

MM.

Berger-Donat, marchand de soies, rue Désirée, 5.

Bert, professeur de théorie, rue Saint-Marcel, 36.

Besson, fabricant de fleurs, rue Mercière, 60.

Bonjour, greffier en chef de la Cour, place Bellecour, 36.

Bonnaviat, négociant en rouennerie, rue Mercière, 21.

Brisson, négociant-fabricant, rue du Griffon, 17.

Buffaud, épicier, rue Lafayette, 1.

Chavanne, marchand de soies, rue Désirée, 13.

Coret, apprêteur, rue Vieille-Monnaie, 8.

Créniault, peintre, place de l'Ancienne-Douane, 3.

Croizat, négociant-fabricant, place de la Comédie, 18.

Coutagne (Mme veuve), rentière, cours Napoléon, 41.

MM.

Crozy, jardinier-pépiniériste, rue des Hirondelles, 1.

Curtet, fabricant d'étoffes, rue du Chapeau-Rouge, 1.

Devers, relieur, rue Tupin, 16.

Dorier, rentier, rue Ecorche-Bœuf, 11.

Doublier, teinturier, montée de la Butte, 11.

Dunand, employé de la Banque, cours d'Herbouville, 21.

Dupuis, marchand de vins, rue de Puzy, 25.

Durand, chez M. Roche, quai de la Charité, 155.

Faussemagne, fabricant de produits chimiques, rue du Bœuf, 6.

Falquet, fabricant d'étoffes, montée Rey, 15.

Fournier, modère, rue de Penthièvre, 7.

Gagneur, fabricant d'étoffes, rue Imbert-Colomès, 6.

Gagnieur, fabricant d'étoffes, cours d'Herbouville, 30.

Girard, quincaillier, rue de la Préfecture, 9.

MM.

Goddard, pharmacien, rue de l'Hôpital, 51.

Gros, tapissier, quai de la Baleine, 19.

Hôte, tailleur de pierres, quai Combalot, 4.

Lobre (Mme veuve), rentière, chemin de Montauban, 29.

Malard, rentier, place St-Clair, 6.

Mas, teinturier, cours Lafayette, 1.

Mathieu, rentier, rue Royale, 19.

Mazerat, bottier, galerie de l'Argue, escalier M.

Monarque, grillageur, Grande Côte, 44.

Moureaux, rentier, rue Dubois, 13.

Nalliod, fabricant d'étoffes, Grande Côte, 57.

Odin, marchand tailleur, rue d'Algérie, 5.

Panet, fabricant de tuiles, chemin de Gerland, 24, Guillotière.

Pascal, charron, rue de Sarron, 7.

Souscripteur dont l'assuré a été remplacé deux fois, le premier remplacement ayant été annulé par les soins du Gérant pour contravention à l'article 19 de la loi.

Perrachon, relayeur, rue des Capucins, 5.

Perrot, herboriste, Grande Côte, 97.

MM.

Plagniard fils, rentier, rue Treize-Cantons, 4.

Poncet, négociant-fabricant, rue du Griffon, 9.

Potalier (Mme veuve), rentière, rue Saint-Dominique, 8.

Renon, marchand-tailleur, rue Sirène, 10.

Ricard, négociant-fabricant, petite rue des Feuillants, 9.

Roche, négociant-fabricant, rue du Griffon, 3.

Romain, dessinateur chez M. Fontaine, rue des Capucins, 18.

Ronze, propriétaire à Saint-Fons (Vénissieux).

Serre, propr. au Moulin-à-Vent id.

Sordet, fabricant d'étoffes, rue Célu, 6.

Thomas, cordonnier, rue Laurencin, angle de la rue de la Charité.

Vibert, restaurateur, rue de Condé, 12.

Viennois, négociant en rouenneries, quai de Retz, 10.

Zacharie, rentier, rue de Bourbon, 10.

Cantons ruraux.

—

La prime a varié dans ces cantons, depuis 407 f. 44 c. à St-Symphorien-sur-Coise, jusqu'à 493 f. 11 c. à Villefranche.

—

MM. Mathon, à Beaujeu.
Ruet, à Emeringes.
Martin, à Jullié.
Rat, à id.
Menichon, à Villié.
Meras, à id.
Vincent, à id.
Laplanche, à Saint-Lager.
Mercier, à id.
Charion, à id.
Sapin, à id.
Berthier, à Saint-Etienne.
Bérard, à id.
Jouberton, à Lancié.

MM. Deborde, à Lancié.
Duchêne, à Belleville.
Revol, à Saint-Romain.
Taillant, à id.
Falcot, à Couzon.
Creuzet, à id.
Gorel, à id.
Brottet, à Albigny.
Gayet, à Neuville.
Deboutière, à Limonest.
Berrodière, à Saint-Cyr.
Biolet, à id.
Flachard, à Meys.
Néel, à id.
Murc, à Duerne.
Denis, à Saint-Forgeux.
Solveri, à id.
Goyard, à St-Clément-sous-Valsonne.
Dupeuble, à Montrotier.
Thivel, à id.
Bation, à St-Clément-les-Places.
Lespinasse, à Charly.

MM. Coillard, à Ville-sur-Jarnioux.
Clunet, à id.
Noyel, à Sarcey.
Ponthus, à id.
Chavat, à Givors.
Grand, à id.
Pollet, à Ouilly.
Mercier, à Villefranche.

DU MÊME AUTEUR :

EN VENTE

A PARIS, chez M. Belin, libraire, rue de Vaugirard, 52 ;
A LYON, chez MM. Girard et Josserand, pl. Bellecour, 4.

COURS
DE
STYLE ÉPISTOLAIRE
A L'USAGE
DES DEMOISELLES ET DE TOUTES LES PERSONNES
QUI VEULENT PERFECTIONNER LEUR MANIÈRE D'ÉCRIRE LES LETTRES.

2 volumes in-12.

Prix : 4 fr.

RHÉTORIQUE APPLIQUÉE

OU

RECUEIL D'EXERCICES LITTÉRAIRES

DANS TOUS

LES GENRES DE COMPOSITION FRANÇAISE,

3 vol. in-12.

Prix : 7 fr.

RECUEIL

DE

PIÈCES DE THÉATRE

A L'USAGE

DES PENSIONNATS DE DEMOISELLES.

—

Drames, Vaudevilles, Comédies, Proverbes, Dialogues.

DU MÊME AUTEUR :

En vente chez M. Gadola, éditeur d'Estampes, cours de Brosses, 2.

MUSÉE LYONNAIS

DES

PRINCIPAUX MONUMENTS

DE LA VILLE DE LYON.

Noir, 1 fr. — Colorié, 1 fr. 50 c.

PANTHÉON LYONNAIS

DES

HOMMES CÉLÈBRES

DONT LYON FUT LA PATRIE.

Noir, 1 fr. — Colorié, 1 fr. 50 c.

www.ingramcontent.com/pod-product-compliance
Lightning Source LLC
LaVergne TN
LVHW012022160826
845678LV00002B/974